室内全案设计资料集

全屋定制设计

1000例

李江军 编

中国电力出版社

CHINA ELECTRIC POWER PRESS

内 容 提 要

　　本系列包含室内全案设计中的三大重要部分，即软装设计、空间设计、全屋定制设计。书中以图文并茂的形式，每个分册精选1000例优秀设计案例进行直观分析，易于参考借鉴。本系列图书适合于室内设计师、软装设计师及相关专业读者学习使用。

图书在版编目（CIP）数据

室内全案设计资料集. 全屋定制设计1000例 / 李江军编. —北京：中国电力出版社，2020.1
ISBN 978-7-5198-3789-1

Ⅰ. ①室…　Ⅱ. ①李…　Ⅲ. ①室内装饰设计—图集　Ⅳ. ① TU238.2-64

中国版本图书馆 CIP 数据核字（2019）第 224233 号

出版发行：中国电力出版社
地　　址：北京市东城区北京站西街 19 号（邮政编码 100005）
网　　址：http://www.cepp.sgcc.com.cn
责任编辑：曹　巍（010-63412609）
责任校对：黄　蓓　朱丽芳
版式设计：锋尚设计
责任印制：杨晓东

印　　刷：北京盛通印刷股份有限公司
版　　次：2020 年 1 月第一版
印　　次：2020 年 1 月北京第一次印刷
开　　本：889 毫米 ×1194 毫米　16 开本
印　　张：12.25
字　　数：433 千字
定　　价：68.00 元

　　室内设计是一门综合性学科，同时也是建筑科学的延伸。由于房屋装修是非常复杂、烦琐的工作，而且专业性很强，因此在施工前应进行详尽规划。同时还应熟悉装饰材料的质地、性能特点，了解材料的价格和施工操作工艺要求，为设计构思打下坚实的基础。此外，软装搭配在室内设计中是十分关键的环节，因此，规划时在保证软装设计的安全性与美观性的同时，还应充分考虑居住者的喜好和生活习惯。

　　本系列分为《室内空间设计 1000 例》《全屋定制设计 1000 例》《室内软装设计 1000 例》三册。对于家居空间的设计，既有功能和技术方面的要求，也有造型和美观上的要求。室内空间尽管分工不同、各具功能特征，但在设计时，应在整体装饰风格统一下来后再进行设计，这是室内界面设计中的基本原则。若在各功能空间使用不同的装饰风格，容易显得不伦不类，让人无所适从。此外，在设计时应对空间的实际情况及使用需求做充分了解，以便进行最合理的设计。如客厅空间的设计，要求富于生活情趣及营造亲切的氛围；而卧室空间的设计，则要求安静、柔和，以满足休息及睡眠时的环境要求。

　　全屋定制是集室内设计及定制、安装等服务为一体的室内设计形式。全屋定制在设计过程中讲究与消费者的深度沟通，并以整体设计为核心，将风格、家具、装饰元素等进行整合规范，形成一套完整的室内设计流程体系。如今室内装饰风格日趋多样化，从繁杂到简约、从简约到个性化。全屋定制概念的提出，不仅大大地简化了整个装修的流程，而且一体化的设计，让人们在享受到整体性优势的同时也节约了大量的时间。

　　软装在室内的应用面积比较大，如墙面、地面、顶面等都是室内陈设的背景。这些大面积的软装配饰如果在整体上保持统一，能对室内环境产生很大的影响。有些空间硬装效果一般，但布置完软装配饰后让人眼前一亮。因此只要把握好室内软装饰品的搭配和风格的统一，就能为室内空间带来意想不到的装饰效果。

　　本书不仅对室内设计中的各个方面进行了深度剖析，而且海量的精品案例可直接作为设计师日常做方案设计的借鉴。此外，书中内容通俗易懂，摒弃传统室内设计书籍中枯燥的理论，以图文结合的形式，将室内装饰知识生动活泼地展现在读者面前。因此，本系列丛书不仅是室内设计工作者的案头书，同时对于业主在选择装修方案时，也同样具有重要的参考和借鉴价值。

目录

1 吊顶定制

2 墙面定制

全实木吊顶 /2

全实木吊顶的类型划分 /2

一体式吊顶设计 /3

平面式吊顶设计 /4

假梁式吊顶 /5

依势而做的木梁吊顶 /5

吊顶色彩搭配 /7

乡村风格木梁吊顶 /8

井格式吊顶设计 /10

斜屋顶吊顶 /12

斜屋顶吊顶设计方案 /12

吊顶设计应呼应墙面风格 /14

圆弧形吊顶 /15

圆形吊顶设计要点 /15

欧式金箔吊顶设计 /17

混搭式吊顶 /19

设计吊顶应预留电路维修口 /19

利用吊顶在视觉上分隔空间 /21

吊顶与中央空调的处理技巧 /22

软包 /26

软包设计特点 /26

软包色彩搭配方案 /29

皮质软包常见类型 /30

皮雕软包选择要点 /33

布艺软包装饰功能 /35

卧室软包设计要点 /36

软包施工收口工艺 /39

软包施工技法 /40

软包与硬包的区别 /41

软包色彩搭配方案 /43

线条 /44

木线条装饰电视墙 /44

中式吉祥纹样线条 /46

墙面线条装饰框设计 /47

线条铺贴工艺 /48

护墙板 /50

护墙板的造型分类 /50

护墙板的造型饰面结构 /51

半高式护墙板设计要点 /53

护墙板的常见类型 /54

护墙板的装饰设计方案 /57

白色护墙板的特点及作用 /58

集成护墙板的特点及种类 /60

实木护墙板的板材类型 /62

大理石护墙板的设计要点 /63

密度板护墙板的特点 /65

设计护墙板时应注意的问题 /67

护墙板施工要点 /69

护墙板选购技巧 /71

3
多功能区定制

卡座 /74

常见的卡座尺寸 /74

餐厅卡座设计方案 /75

U 形卡座设计 /76

一字形卡座设计 /77

L 形卡座设计 /78

弧形卡座设计 /79

飘窗 /80

飘窗的类型及特点 /80

改造飘窗应注意的问题 /81

飘窗台面加固方案 /82

利用飘窗增加收纳空间 /84

观景型飘窗设计 /86

书桌型飘窗设计 /87

榻榻米 /88

榻榻米的常见尺寸 /88

榻榻米的娱乐休闲功能 /90

书房榻榻米设计 /91

卧室榻榻米设计 /92

吧台 /93

利用畸零区域设计吧台 /93

吧台水电处理方案 /94

常见的吧台尺寸设计 /97

餐桌吧台的设计要点 /99

过道吧台的设计要点 /101

影音室 /102

设置影音室的面积要求 /102

影音室应做好隔声处理 /104

影音室墙面的吸声处理方案 /105

影音室的吊顶设计要点 /106

影音室中的星空吊顶设计 /107

影音室界面处理技巧 /108

在地下室设计影音应注意的问题 /110

衣帽间 /111

衣帽间内部尺寸设计 /111

衣帽间设计类型 /112

异形空间的衣帽间设计 /114

U 形衣帽间设计 /115

一字形衣帽间设计 /116

L 形衣帽间设计 /117

双排形衣帽间设计 /118

4 收纳家具定制

5 厨卫家具定制

玄关柜 /120

玄关柜的设计重点 /120

组合式玄关柜设计 /123

玄关柜卡座设计 /124

小巧型玄关柜设计 /125

玄关柜中的鞋类收纳方案 /127

电视柜 /128

组合式电视柜设计 /128

电视柜的深度与长度设计 /130

客厅电视柜的高度设计 /132

卧室电视柜的设计要点 /133

电视柜层板的厚度选择 /134

半开放式电视柜设计 /136

悬挂式电视柜设计 /137

地台式电视柜设计 /138

酒柜 /139

酒柜整体尺寸设计 /141

酒柜摆设位置应避免阳光直晒 /143

酒柜的功能类型划分 /144

常见的酒柜风格类型 /146

餐厅落地酒柜设计 /147

嵌入式酒柜设计 /148

衣柜 /149

衣柜的搭配要点 /149

衣柜内部设计方案 /150

挂衣区和挂裤区的尺寸设计 /152

开放式衣柜设计 /154

推拉门衣柜设计 /155

书柜 /156

书柜尺寸设计要点 /156

书柜格位宽度的选择 /158

书柜的高度设计 /161

书柜的深度设计 /162

选择书架代替书柜功能 /163

安装灯带丰富书柜设计感 /165

组合式电视柜设计 /166

隔断柜 /168

客餐厅间的隔断矮柜设计 /168

设置隔断柜代替实体墙 /170

橱柜 /172

橱柜结构及设计要点 /172

橱柜内部结构规划方案 /175

吊柜的尺寸设计 /177

内嵌式橱柜设计 /178

橱柜中的抽屉设计 /179

岛形橱柜设计 /180

单排式橱柜设计 /182

卫浴柜 /183

卫浴柜的设计要点 /183

卫浴柜的常见尺寸 /184

卫浴柜的基材选择 /185

定制角柜提升空间利用率 /186

挂墙式卫浴柜设计 /187

定制卫浴柜应做好防潮处理 /188

吊顶定制

1

吊顶在室内装饰中占有很重要的地位，对居室顶面作适当的装饰，不仅能美化室内环境，还能营造出丰富多彩的室内空间艺术形象。由于有些住宅的原建筑照明线路单一，无法创造理想的光照环境，因此还可以在吊顶上安装暗藏式灯带，用于丰富室内光源层次，达到良好的照明效果。由于定制吊顶的款式风格多样，而且不同款式的吊顶，所适用的户型、层高及设计风格也不尽相同，因此要根据实际情况及预算等因素确定定制吊顶的设计风格。同时，在选择吊顶设计方案时，要遵循省材、牢固、安全、美观及实用的原则。

全实木吊顶

定制

1

• 全实木吊顶的类型划分

全实木吊顶可分为纯实木吊顶、实木综合类吊顶及实木复合吊顶三类。纯实木吊顶指横竖方、芯板、所有木制零部件（除托板、压条外）均使用实木锯材或实木板材。实木综合类吊顶指横竖方、框架部分使用实木板材或锯材，芯板使用人造板作为基材。实木复合吊顶指横竖方及芯板全部采用人造板，表面贴实木皮或直接使用油漆涂饰。以上三大类吊顶所用线条均为实木，如阴角线、扣线、钉线等。

• 一体式吊顶设计

餐厅与客厅处在同一个空间的户型格局，在设计吊顶时可以采取餐厅与客厅一体式的吊顶形式，以便于让餐厅和客厅空间成为一个有机的整体。这样不仅增加了室内的空间感，而且更方便施工，节省装修费用。需要注意的是，这类吊顶在造型上不宜太过复杂，否则会给空间带来压抑感，同时吊顶的颜色最好和墙面颜色一致。

• 平面式吊顶设计

平面式吊顶是指没有坡度和分级,整体都在一个平面上的吊顶设计,其表面没有任何层次或者造型,视觉效果非常简单大方。平面式吊顶适用于各种风格的家居,尤其是小户型,既能起到一定的装饰作用,看上去也不会显得太复杂,并且能营造出简单稳重、大气方正的感觉。可用于制作平面式吊顶的材料有很多种,如木质、石膏板材、铝合金扣板等,可根据家居的装饰风格及使用需求进行选择。

叶青设计

刚灵艺术

假梁式吊顶

定制

2

• **依势而做的木梁吊顶**

如果房屋的顶面有暴露的横梁，且无法遮挡，可以利用其特性加以美化。如果横梁又宽又深而且位置突出，那么可以尝试顺着横梁做一边的封顶。对于面积足够的空间来说，在横梁上做点简单的装饰即可，比如可以在横梁间安装带有间隙的木头作为装饰，以起到减弱空间空旷感的作用。

• 吊顶色彩搭配

吊顶的色彩搭配关系到整个室内空间的氛围营造，因此，选择合适的色彩是吊顶设计中的一个重要环节。面积较大、采光良好及装饰风格相对豪华的空间，可以尝试搭配深色的吊顶，以减轻大空间带来的空阔感。如果室内的地面色彩较为浅淡或者整体空间较为狭小，则不宜为吊顶搭配过于沉重的深色，以免产生头重脚轻的感觉，同时由于深色比较吸光，容易加重小空间的压抑感。

- **乡村风格木梁吊顶**

为了呈现回归自然的家居装饰理念，乡村风格的空间里往往会采用大量源于自然界的原始材料，打造出休闲清新的家居环境。比如在客厅的顶面加入装饰木梁，可以让空间的层次感表现得更为丰富，同时还彰显出了低调华贵的气质。如再搭配一顶造型别致的顶灯，让光影散落在装饰木梁上，则能瞬间将空间的品位提升一个新的层次。

斜屋顶 吊顶

定制

3

• **斜屋顶吊顶设计方案**

设计斜屋顶吊顶时，首先应考虑使用功能，比如斜屋顶各点的标高、开门窗的位置、方向、顶面的隔热保温状况及整体的空间装饰等，然后根据需要将顶面设计成各种不同风格及形式的造型梁。如欧式风格的顶面以石膏造型为主；中式风格的顶面，常以木质几何形装饰梁组合；现代风格则可以采用纯自然的原木做成屋顶的造型梁。此外，建议尽量保留多变的空间风格，不要全做平，以保持顶面的个性设计。

• 吊顶设计应呼应墙面风格

在室内设计中，墙面的装饰元素十分丰富，如涂料、墙纸、软包背景墙等都是常见的墙面装饰元素。因此，在设计吊顶时，必须考虑同一空间中的墙面装饰风格，以避免因两者风格不一致而在视觉上形成突兀的感觉。此外，还可以让吊顶的风格和家中的大件家具或者电器保持一致，以形成相互呼应、相互衬托的效果。

叶青设计

叶青设计

圆弧形吊顶

定制

4

- **圆形吊顶设计要点**

圆形吊顶一般适合不规则形状或是梁比较多的空间，这样能够很好地弥补格局不规整的缺陷。但圆顶吊顶在制作过程中，不仅只是在石膏板上开个圆形的孔洞那么简单。除了石膏板常用的辅材以外，还需要想办法加固圆形，不然时间长了吊顶容易变形。一般会选择用木工板裁条框出圆形，用木工板做基层，再贴石膏板，这样做成的圆形会比较持久。施工时建议将圆弧吊顶在地面上先做好框架，然后安装在顶面，再进行后期的石膏板贴面，简化施工难度。

何永明设计

信实装饰

叶青设计

叶青设计

• 欧式金箔吊顶设计

在吊顶上贴金箔是欧式风格顶面装饰的常用手法，能展现出其风格豪华尊贵的特征。欧式风格家居的墙面、地面及家具、软装饰品都呈现着华贵典雅的感觉，如果顶面只用乳胶漆涂刷处理，顶面空间会显得突兀单调。利用金箔纸装饰顶面，其色泽不仅能让空间更具立体感，而且也非常符合欧式风格典雅高贵的空间特点。

混搭式
吊顶
定制 5

• 设计吊顶应预留电路维修口

如果家中的层高较低，在设计吊顶时应尽量选择轻薄的造型，以减轻压抑感。比如可以采用四边低中间高的造型，这样在视觉上会显得更为开阔一些。此外，由于吊顶内部的电线走路，时间长了难免会出现各种故障。所以在设计吊顶的造型时，还应在电线走路处设置维修口，以方便日后出现故障时进行维修。

东合设计

• 利用吊顶在视觉上分隔空间

有些户型的客餐厅之间没有间隔，而且由于面积较小不宜摆放家具作为隔断。这个时候可以利用吊顶在视觉上做出隔断的效果。但这种设计手法对空间的层高要求较高，如果层高不足，被抬高的区域会让人觉得很压抑。此外，还可以使用不同高度的吊顶来进行空间划分，比如为客餐厅设计不同造型、不同厚度的吊顶，不仅有划分空间的作用，而且有着极好的装饰效果。

• 吊顶与中央空调的处理技巧

在安装中央空调的内机时，一般会尽可能地贴近屋顶面，以减少对层高的影响。吊顶高度一般在中央空调内机的厚度基础上增加 5cm 左右，假如使用的空调厚度是 19.2cm，那么吊顶高度大概是 24cm。此外，也可以让吊顶配合空调进行设计。由于中央空调的出风口在上部，回风口在下部，若将空调安装得过高，容易导致冷空气还没沉降到房间下层空间，就被空调吸回了，因此空调并非越高越好，还应注意气流问题。

集艾设计

林志豪设计

欧雅软装

星翰设计

墙面
定制

2

在室内空间中，墙面所占据的面积最大，因此墙面装饰是家居界面设计中最为核心的部分。规整对称的墙面设计，能呈现出规范的美感；而不规则的墙面设计则能让空间显得生动活泼，尤其是定制具有粗糙纹理的材料，或将某种非规则的设计元素带入到空间中时，其表现更为强烈。此外，墙面还是陈设艺术及景观展现的背景和舞台，对于控制空间序列、创造空间形象具有十分重要的作用。

软包

- **软包设计特点**

软包是室内墙面常用的一种装饰材料。在家居设计中，软包的运用非常广泛，如卧室床头背景墙、客厅沙发背景墙及电视背景墙等，对区域的限定也较小。由于软包在施工完成后清洁起来较为麻烦，因此必须选择耐脏、防尘性良好的软包材料。此外，对软包面料及填充材料的环保标准也需要进行严格的把关。

本白设计

纳沃设计

盘石设计

杜文彪设计

品川设计

- **软包色彩搭配方案**

在室内空间中，软包可以是跳跃的亮色，也可以是中性的沉稳色，可以是方块铺设，也可以是菱形铺设。此外，还可以在软包的四周设计线条，让墙面空间更富有层次美感。在搭配软包色彩时，应考虑到色彩对人心理及生理所带来的影响，如餐厅空间需要营造出愉悦的用餐气氛，可以搭配黄色、红色等软包材料；而卧室空间则可以使用白色、蓝色、青色、绿色的软包材料，使人达到缓和松弛的状态。

• 皮雕软包选择要点

皮雕艺术起源于文艺复兴时期的欧洲，是以皮革为材料的一种雕刻工艺。由于其雕刻精美、工艺细致，因此在中世纪的欧洲一度成为王公贵族身份和名望的象征。在室内墙面搭配皮雕软包作为装饰，不仅可以加强空间的立体层次感，还能为室内营造独特的艺术气息。制作皮雕软包时，皮质的选用相当重要。可以选用质地细密坚韧、不易变形的天然皮革进行制作。一般而言，牛皮具有细致的纹理和毛细孔，其柔软及强韧的特性是皮雕材质的最佳选择之一，具有环保无污染等特点。

• 布艺软包装饰功能

除了皮质软包外，布艺软包也是家居墙面的常见装饰。在墙面使用布艺软包装饰，既能降低室内的噪声，而且能使人获得舒适的感觉。此外，还可以选择使用布艺刺绣软包作为家居墙面的装饰。刺绣软包在通俗意义上是指利用现代科技和加工工艺，将刺绣工艺结合到软包产品中，使之成为软包面料的面层装饰。

• 卧室软包设计要点

由于软包的表面多数都是丝绒、皮革等面料，质地极为柔软，因此可以增加卧室的温馨感。而且无论配合墙纸还是乳胶漆，都能够营造出大气又不失温馨的就寝氛围。在设计床头软包背景墙时，做木工的阶段就要在墙面上用木工板或九厘板打好基础，待硬装结束，墙纸贴好后再安装软包。此外，在设计的时候除要考虑好软包本身的厚度和墙面打底的厚度外，还要考虑到相邻材质间的收口。

• 软包施工收口工艺

软包施工前不仅要先测量好软包本身的厚度和墙面打底的厚度，还要考虑到相邻材质间的收口问题，让软包与墙面的过渡自然和谐。收口材料可以根据不同的风格及业主的喜好进行选择，常见的有石材、挂镜线、木线条等。在施工时还要控制好软包与边条之间的距离，并根据面料厚度决定留缝的大小，一般在 1.5~3mm。此外，施工前要先在墙面上用木工板或九厘板打好基础，等到硬装结束，墙纸贴好后再安装软包。一般软包的厚度在 3~5cm，底板最好选择 9mm 以上的多层板，尽量不要用杉木集成板，否则容易起拱。

汪子滟设计

• 软包施工技法

不同种类的软装，软包背景墙有着不同的施工方法。一是直接铺贴法，此法操作比较简便，但对基层或底板的平整度要求较高；二是预制铺贴镶嵌法，此方法有一定的难度，要求必须横平竖直、不得歪斜，尺寸必须准确等。确定具体做法后，按照设计要求进行用料计算和底衬、面料套裁工序。如采取直接铺贴法施工时，应待墙面细木装修基本完成、边框油漆达到工程交接要求，方可粘贴面料。如果采取预制铺贴镶嵌法，则不受此限制。

信实装饰

信实装饰

• 软包与硬包的区别

软包和硬包在选材用料及安装方法上都有所不同，因此也相应地决定了两者在家居设计中使用时的差异性。硬包其整体结构是直接把基层的木工板或高密度纤维板做成需要的造型，然后把板材的边做成 45 度斜边，再用布艺或皮革饰面。相对软包而言，硬包的填充物较少，质感较硬。软包多用于卧室等需要营造温馨氛围的空间，而硬包则侧重于电视背景墙及过道墙面的运用。

信实装饰

榛树叶设计

御融装饰设计

信实装饰

永恒设计

杨琴设计

易和极尚设计

永恒设计

益善堂设计

永恒设计

建南方建筑设计

• 软包色彩搭配方案

如需为软包搭配比较跳跃大胆的颜色，最好能和空间里的其他软装形成呼应，比如沙发、靠包、窗帘等，以营造出协调统一的装饰效果。此外，还可以选择带有一定花纹图案和纹理质感的软包，使墙面装饰因远近而产生明暗不同的变化。这样不仅可以在视觉上增大空间，而且还能丰富室内的装饰效果。软包的表层可分为布艺和皮革两种材质，在搭配上可根据实际需求进行选择。

叶青设计

• 木线条装饰电视墙

使用木线条装饰电视背景墙，可进行局部或整体设计，搭配的造型十分丰富，如做成装饰框或按序密排。在电视墙上安装木线时，可使用钉装法与黏合法。施工时应注意设计图样制作尺寸正确无误、弹线清晰，以保证安装位置的准确。此外，木线条在接合时，要求接缝无错边、割角整齐、角度一致。

方黄设计

迈筑空间

朗昇空间设计

吴舍软装设计

• 中式吉祥纹样线条

在中式风格的装饰艺术中，吉祥纹样是极具魅力的一部分，因此常作为艺术设计的元素，被广泛地应用于室内装修设计中。如使用回纹纹样的装饰线条装点墙面空间，大方稳重且不失传统，还能让家居空间更具古典文化的韵味。

• 墙面线条装饰框设计

除了利用线条进行收口之外，用线条装饰框装饰墙面也是较为常用的手法。框架的大小可以根据墙面的尺寸按比例均分。线条装饰框的款式有很多种，造型纷繁的复杂款式可以提升整个空间的奢华感，而简约造型的线条框则可以让空间显得更为简单大方。

• 线条铺贴工艺

在铺贴线条前，应对施工墙面进行基层检查。墙面的垂直和平整度，一般不能超过 4mm，对于基面差距过大的部位，需处理平整。此外，墙面的粉尘、污渍等影响黏合的东西须清理干净。墙面基层处理完毕后，应根据墙面的大小测算好线条的铺贴长度，并处理好排版问题，这样可以避免接头过多。如需设置接口，可采用斜 45° 角拼接，其位置应尽量选在视觉死角处或者隐蔽的地方。

护墙板

• 护墙板的造型分类

根据尺寸与造型，护墙板可分为整墙板、墙裙和中空墙板。护墙板的颜色可以根据家里大体的风格来定，以白色和褐色的居多，也可以根据个性需求进行颜色定制。随着时代的发展及制作工艺的进步，护墙板的造型设计越来越精美丰富，在室内装修中的运用也越来越广泛。

• 护墙板的造型饰面结构

造型饰面是护墙板的主要构成元素之一，同时也是占据整个墙板比例最大的部分。造型饰面主要由左右边梃、上下码头、造型芯板和压线四部分构成。不同的风格，其饰面造型也会有所不同，有的饰面上还会搭配雕花，雕花的位置和大小没有特定的标准，大多根据墙板本身的造型和大小而定。此外，一些造型稍复杂的饰面，其形式可能不止以上的两边梃两码头一块芯板那样简单。比如部分因造型需要增加侧板，或者在芯板和边框之间再加一道造型板，形成里外两圈边框的造型。

- 半高式护墙板设计要点

护墙板可以做到顶,也可以做半高的形式。半高的高度应根据整个空间的层高来决定,一般在 1~1.2m。在安装方法上,一般可分为左中右式、对称式、上下式、圆形式及中下式五种。如果觉得整面墙满铺护墙板显得压抑,还可以采用上半段墙面利用实木边框,中间用素色墙纸做装饰的形式,既美观又节省成本。同样,用乳胶漆、镜面、硅藻泥等材质都能达到很好的装饰效果。

• 护墙板的常见类型

护墙板一般可分为成品和现场制作两种，室内装饰使用的护墙板一般以成品居多，价格每平方米在 200 元以上，建议不要使用价格过低的护墙板，因为板材过薄容易变形，还可能会造成环境污染。成品护墙板是在无尘房做油漆的，在安装的时候会有表层漆面破损现象，如果后期再进行补救的话，可能会有色差。现场制作的护墙板虽然容易修补，但是在漆面质感上却很难做到和成品的一样。

• 护墙板的装饰设计方案

由于护墙板的面积较大，将其做成整块墙板不仅会增加成本，而且不方便运输。此外，有的墙面自身结构存在着一定的误差，难以精准地掌握护墙板的尺寸。因此可以考虑在其间设置罗马柱，以起到分隔和调尺的作用。同时由于罗马柱的种类繁多，造型各异，因此其自身也具有一定的装饰效果。隐形门也是护墙板中常见的设计造型之一，常用于私密空间或保证背景墙的整体造型不被破坏。其特点是门扇开启时和普通房门一样，但门扇关闭时，外观能与护墙板融为一体，因此不会影响到护墙板的整体装饰效果。

• 白色护墙板的特点及作用

白色护墙板是新古典风格中非常常见的墙面装饰材料，但在新古典风格的空间里使用白色护墙板，可以让家居在视觉上显得更为简约、大气。如能在护墙板上配以欧式经典造型作为装饰，以其圆润饱满的轮廓为新古典风格的空间勾勒出了欧式典雅的艺术美感，让墙面空间也能成为家居中一道亮丽的风景。

集成墙板是一种新型的墙面装饰材料，相对于其他护墙板来说，集成护墙板的作用更倾向于装饰性。其表面不仅拥有墙纸、涂料所拥有的色彩和图案，还具有极为强烈的立体感，因此装饰效果也十分出众。由于用于制作集成护墙板的材质有很多种，因此其种类也十分丰富，目前常见的主要有竹木纤维集成护墙板、铝合金集成护墙板、高分子集成护墙板、生态石材集成护墙板等。随着现代科技的发展，用于制造集成护墙板的材质种类也在不断丰富，因此其产品结构也会越来越多样化。

• 大理石护墙板的设计要点

大理石护墙板一般运用在追求豪华大气的家居墙面。大面积明快的大理石色线条，搭配着原始石材的清晰花纹，不仅时尚大气，而且还能让室内的视野更加宽阔。如需追求更为强烈的墙面装饰效果，还可以选择使用花纹更为丰富的仿大理石护墙板。此外，需注意虽然为墙面搭配大理石护墙板可以展现出典雅大方的空间特点，但在施工时一定要确保其安全牢固，避免因黏合剂老化导致其脱落，从而造成危险。

• 密度板护墙板的特点

密度板是以木质纤维或其他植物纤维为原料，在加热加压的条件下制作而成的板材。由于其结构均匀、材质细密、性能稳定，而且耐冲击、易加工，是非常适合作为室内护墙板的材质，但是也要选择环保级别较高的板材作为基料进行加工，确保环保品质。此外，由于密度板耐潮性较差，因此需要慎重考虑其使用位置，而且要注意保持其干爽和清洁。

• 设计护墙板时应注意的问题

如果在设计中出现护墙的造型，设计时要特别注意，一般在做完木工板基层处理后，要预留出踢脚线的高度，安装完护墙后再把踢脚线直接贴在上面，踢脚线要压住护墙，同时门套要选择带凹凸的厚线条，门套线要略高于护墙和踢脚线，这样的层次和收口更完美一些，这三者的关系要分清。

• 护墙板施工要点

护墙板在施工时应处理好面板表面的高差，一般情况下，表面高差不能超过 0.5mm。同时板面间留缝宽度应均匀一致，其尺寸偏差应控制在 2mm 以内，单块面板的对角线长度及面板的垂直度偏差也不能大于 2mm。此外，护墙板的阴阳角处是施工的重点和难点，因此在操作时要特别注意。其标准为阴阳角垂直、水平，对缝拼接为 45°角。对于成品护墙板，可以在厂家过来安装之前，就在墙面上用木工板或九厘板做好造型基层，然后再把定制的护墙板安装上去，这样不仅可以保证墙面的平整性，而且还能让家居空间的联系显得更为紧密。

• 护墙板选购技巧

在选购护墙板时，可以从内外两个方面来鉴定其质量。内在质量主要检测其板材的截面，硬度及基材与饰面黏接的牢固程度。质量好的护墙板产品，其表面饰材由于其硬度高，因此用小刀等刮划表面，不会出现明显的痕迹。护墙板的外观质量主要检测其仿真程度，品质好的护墙板，其表面图案制作逼真、加工规格统一、拼接自如，因此在装饰效果上也更为突出。如果选购的是拼装组合的护墙板，应看其钻孔处是否精致、整齐，连接件安装后是否牢固，并用手推动观察是否有松动的现象。

金螳螂设计

牧杉室内设计

青云居设计

王五平作品

司马设计

谢辉设计

臻和设计

中合深美设计

多功能区
定制

很多面积较小的户型由于可用空间较为紧凑，需要在家居中的主要功能区外，利用有限的面积，设计出尽可能丰富的功能空间。比如通过在室内定制卡座、飘窗、榻榻米、吧台等方案，让原本功能单一的室内空间变得更加实用美观。需要注意的是，在设计多功能区时，必须在遵循室内设计学的基础上合理利用每一寸空间。同时，除了要注重空间的舒适性与紧凑性之外，还应充分考虑其功能的实用性。

3

卡座 定制 ①

• 常见的卡座尺寸

卡座的长度和座宽可以根据实际需求来设计，双人座是最为常见的餐厅卡座。常规双人餐厅卡座的尺寸是长度为120cm、深度为60cm、高度为110cm，如果去掉靠背则深度为45～50cm。每个定制厂家的偏差约在5～10cm。此外，不同的款式对卡座尺寸也会有一些影响，上下波动一般在20cm左右。如果卡座在设计的时候考虑使用软包靠背，座面的宽度就要多预留5cm。同样，如果座面也使用软包的话，木工做制作基础的时候也要降低5cm的高度。

大森设计

• 餐厅卡座设计方案

餐厅空间内的卡座设计是最为常见的卡座设计类型，既实用又有格调。餐厅卡座一方面可以节省餐桌椅的占用面积，另一方面卡座的下方空间还可以用于储物收纳，因此能很好地将收纳空间和餐椅合二为一，让餐厅的功能更加紧凑。同时，对于有孩子的家庭，固定的座位能够避免许多安全隐患的发生。如果是客餐厅一体化的空间设计，还可以设计一个卡座作为客餐厅之间的隔断，让家居环境看起来更加温馨且充满设计感。如果卡座后方的背景墙较为空阔，可以为其搭配一幅装饰画作为点缀。

诗享家设计

ID 设计

• U 形卡座设计

由于 U 形卡座是在原有空间功能区划分的基础上进行的，因此相对来说对户型的结构要求会更高一些。此外，其三面的座位安排，真正做到了空间利用的最大化。U 形卡座一般是以半圆弧的形式出现，这种造型在安置上相对比较自由，可以选择靠墙安置和不靠墙安置。如不靠墙安置，可以将其设计成一个小型的独立用餐区；而靠墙安置，则可以选择两面靠墙、一面搭配窗台进行组合设计。

永恒设计

• 一字形卡座设计

一字形卡座也叫单面卡座，这种卡座的结构非常简单，没有过多花哨的设计，大多采用直线形的结构倚墙而设。由于其简洁大方、不显得繁杂，因此能够与各种家居装饰风格相融合。一字形卡座结构单一，安装起来也比较方便，由于其本身比较细长，通常只需配备一张长方形的长桌就可以了。

• L 形卡座设计

L 字形卡座一般是设置在墙角拐角的位置，这种形式能够充分利用家居空间的设计，合理改造家居中的死角位置。对于面积较小的户型而言，在餐厅设计一个 L 形卡座，不仅能够有效地节省空间，还能同时兼顾装饰与收纳功能，既美观又实用。卡座底部可以做成柜子或抽屉，也可以与依墙而设的同色系柜体进行组合，达成风格上的和谐统一。

• 弧形卡座设计

弧形卡座一般会设置在拐角处或者弧形墙的位置，主要是为了有弧形墙的空间设计的。弧形卡座不仅可以充分地利用好墙面形状，而且其弧形的设计可以让空间显得更为宽广，还能产生放大空间视觉效果。弧形卡座由于特殊的圆弧造型，因此更适合为其搭配圆形的餐桌，不仅大气时尚，而且适配度也更高。

• 飘窗的类型及特点

飘窗一般呈矩形或梯形向室外凸起，有内飘和外飘两种类型，外飘窗一般三面都是玻璃窗，凸出墙体，底下是凌空的；内飘窗一般一面是玻璃，两面是墙，比较安全，但是会占用更多的室内空间。飘窗的窗台高度比起一般的窗户较低，这样的设计既有利于进行大面积的玻璃采光，又保留了宽敞的窗台，使得室内空间在视觉上得以延伸。但在高层住宅中设置低窗台飘窗时，应设置防护设施，以保证安全。

尚舍设计

C.H.I 设计

方磊设计

清羽设计

和薪设计

• 改造飘窗应注意的问题

在飘窗改造方面不应随心所欲，有些飘窗的墙体可以拆除，但是有些飘窗是不能随意改动的，有可能危及房屋本身的安全。所以在改造飘窗前一定要咨询开发商，了解房间内的飘窗是否可以进行改造。此外，飘窗面积越大，对冬季保温越不利，而且夏季时又会增加空调的耗电量。因此在设置飘窗时，其保温性能必须得到保证，否则不仅会造成能源浪费，而且容易出现结露、淌水、发霉等问题。

· 飘窗台面加固方案

飘窗的台面一般建议使用天然的非酸性石材制作。宽度 400mm、长度 1200mm 的石材台面，其底部一般需要设置一根钢筋进行加固。而宽度在 400mm 以上或单块石材长度在 1200mm 以上的石材台面，则建议在底部使用两根钢筋加固，以保证安全。此外，在为飘窗搭配窗帘时，最好选择罗马帘，因为垂直帘在收拢时会遮挡住一部分的光线，而且由于合拢的帘子不整齐，容易影响飘窗的整体美观度，而罗马帘即使收拢后也是比较整齐划一的，美观度会更强一些。

DE 设计

菲拉设计

云行设计

零次方设计

- 利用飘窗增加收纳空间

如果是可以改造的飘窗或是后期加装的飘窗，可考虑将其整体设计为收纳柜，不仅能存放不少换季的衣物或棉被，甚至可以存放行李箱等较为大件的物品。此外，还可以在飘窗的下部空间设计抽屉柜，用于存储体积较小或者较为常用的物品。如果飘窗的下面不存在墙体，可以考虑为其设计一排悬空式的抽屉。需要注意的是，在安装悬空式抽屉时，应增加角铁加以固定，以提高使用时的安全系数。

云行设计

禄本设计

王五平设计

百仕合设计

• 观景型飘窗设计

观景型飘窗一般会设置在阳光比较充足的房间，因此在选材上一定要选用具有耐热、耐晒功能的材料，如大理石以及桑拿板等。否则当台面经过长时间的暴晒之后，容易出现变色、裂纹等一些影响美观的现象。此外，还可以使用小方砖作为台面设计，为观景型飘窗打造出别致的设计感。但需要注意的是，如果在飘窗台面贴瓷砖，其收口的处理一定要事先考虑清楚，一般可以使用收口砖、木线条等为其收口。另外，如果选择石材或砖材作为飘窗的台面，建议在结合整体空间风格的基础上，为飘窗搭配毯子、坐垫及靠垫等配件，以提高使用时的舒适度。

• 书桌型飘窗设计

如果家居中的书房面积较小，单独设立一张书桌会非常占用空间。因此不妨为其量身定做一个飘窗型的书桌台面，这样不仅让飘窗具备了书桌的功能，而且由于少了桌脚的设置，能让书房空间显得更加简洁通透。此外，还可以在拐角处打造电脑桌、书架及书柜等书房家具，让书桌型飘窗的功能性和设计感显得更加丰富。但要注意在增加其他功能时，应视具体情况而定，比如原本飘窗的高度刚好适合人坐在上面，如果再增加一排抽屉就会很高，坐起来不方便，失去了它原本的意义。

新澄设计

星翰设计

谢辉设计

榻榻米

定制 3

• 榻榻米的常见尺寸

榻榻米是铺在地上供人坐或卧的一种家具，大部分榻榻米被设计在房间阳台、书房或者大厅空间的地面。榻榻米的设计长度一般在 1700~2000mm，宽度为 800~960mm，高度应结合空间的层高考虑，一般控制在 250~500mm 为宜。高度 250mm 的榻榻米，一般适合于上部加放床垫或者做成小孩玩耍的空间。高度 300mm 以下的榻榻米只适合设计侧面做抽屉式储藏，如果高度超过 400mm 则可以考虑整体做成上翻门式储藏。

永恒设计

缪茹设计

半亩塘设计

名艺佳设计

花漾美作设计

王鲁平设计

木桃盒子设计

奥迅设计

• 榻榻米的娱乐休闲功能

榻榻米的功能非常丰富多元，既可以做成休息的床铺，还能在上面安装升降式茶桌，添置棋牌桌几等，实现娱乐、休闲一体化式设计。此外，如果家居中的客厅空间不够方正，可以在不规则的角落空间设置榻榻米，再搭配坐垫、靠垫、桌几的使用，不仅能满足基本的娱乐休闲功能，而且还可以充当临时的客房。

陈洋设计

点墨设计

梁锦驹设计

谷辰装饰

• 书房榻榻米设计

对于小户型而言，将榻榻米与书房进行组合设计，能在不占用过多空间的基础下，带来更加丰富的空间功能。比如可以采用书桌、书柜与榻榻米连接的设计，不仅可以增加书房的储物功能，而且为榻榻米铺上软垫后还能作为一个临时的客卧。如果书房面积过小，则建议直接做成全屋榻榻米，门可以采用日式的推拉门设计。如需让空间功能更加丰富，还可以在书房中靠墙的位置设计榻榻米，既能满足睡眠的需求，也可以将其作为一个休闲玩乐区，最重要的是可以增加更多的储物空间。

花漾美作设计

清羽设计

清羽设计

• 卧室榻榻米设计

卧室榻榻米的下部空间最好分内侧设计和外侧设计，内侧设计翻板，用来放置一些换季棉被衣服等不常用的物品；外侧则可以设置抽屉，用于放置一些经常需要使用的物品。另外，内侧翻板设计一定要带有气撑功能，这样能让存储物品时的取放环节更加便利。此外，应尽量为榻榻米搭配较为明亮的色调，不仅能增加卧室的采光，而且还能制造出扩大空间的视觉效果。如果在儿童房设置榻榻米，应尽量降低其高度，并增加抱枕、软垫、床垫的搭配运用，以避免安全事故的发生。

TK 设计

蓝洞设计

吧台 ^{定制} 4

• 利用畸零区域设计吧台

吧台的位置并没有特定的规则可循，建议利用一些畸零的区域设置吧台，以提高空间利用率。如餐厅面积较小的户型，可以在墙体转角的地方或者墙边设计一个迷你的吧台，吧台的下侧还可设置一个中型的储物柜，既增加了收纳空间，同时又可以达到吧台布局在整个空间里的完整性。此外，客餐厅一体的户型，如果用吧台作为客餐厅之间的隔断，可以考虑在吧台上方设置简易的吊灯，不仅丰富了吧台上方空间的视觉装饰，而且还加强了两个功能区之间的隔断效果。

集美设计

赫富斯设计

朴悦设计

• 吧台水电处理方案

在设置吧台时应合理安排好电路和给排水设计，如果吧台位置离室外较近，可以将排水管接到户外，以单独的管线排水。如果想在吧台上使用耗电量高的电器，像烧水壶、电磁炉等，最好单独设计一个回路，以免负载过高引起电路跳闸。在吧台台面材料的选择上，最好使用耐磨、耐火的材质，如人造石、美耐板、石材等都是理想的材料。

黎寒铭设计

TK 设计

叶建权设计

诗享家设计

熹维设计

深蓝设计

力设计

壹方设计

永恒设计

尚层装饰设计

慕斯设计

十杰装饰

叶青设计

• 常见的吧台尺寸设计

高度是设计吧台时需要考虑到的重要因素，可根据居住者的身高和使用习惯来确定。通常情况下，家居吧台的高度有两种尺寸，单层吧台大约为 110cm，双层吧台约为 80～105cm，双层吧台的台层间距至少为 25cm，以便于利用内层收纳物品。吧台的深度需根据其使用功能来确定。如果吧台前有预留座位，其台面一般会突出吧台本身，因此其台面深度一般为 40～60cm，以便吧台下方存储物品。此外，部分吧台会有水槽的设计，水槽的深度最好在 20cm 以上，以免使用时发生水花溅出的现象。

慕斯设计

壹度设计

御融装饰

• 餐桌吧台的设计要点

很多小户型的餐厅空间往往较为局限，甚至没有设置独立的餐厅。因此，可以在厨房或者客厅墙体转角区域或者墙边设计一个迷你的餐桌吧台，以解决用餐需求。还可以在餐桌吧台的下侧设置储物柜，既增加了收纳空间，同时又可以达到收纳与布局在整个空间里的完整性。如果家居中的厨房是开放式的，则可以将餐桌吧台设置在厨房与客厅之间，作为两个功能区之间的隔断，既美观实用而且在很大程度上减少了空间的占用。

益善堂设计

GDG 设计

御融设计

一水一木设计

• 过道吧台的设计要点

如果在过道空间设置吧台，最好对吧台的直角进行磨圆处理，以免人在走动时不小心碰伤。休闲吧台设计的高度一般在 1100mm 左右，宽度在 600mm 左右，可根据空间的实际情况及使用需求来选择合适的尺寸。有些吧台的台面设计是两侧固定，中间没有支撑，这样的设计简洁大气，现代感十足。但这样的吧台其台面的基础应使用钢架来制作，以保证吧台的牢固与使用安全。

影音室

· 设置影音室的面积要求

影音室的净空面积应在 10m² 以上。如面积太小，不仅容易形成压抑感，而且器材摆放和观看距离也得不到合理的设计。此外，如需在影音室内摆大型的视听设备，房间的高度应不低于 2.8m。但也不宜过高，太高的空间由于反射音到达时间长，容易产生声音定位不准确的问题。

• 影音室应做好隔声处理

隔声处理是影音室设计中极为重要的环节，家居影音室的背景噪声级应控制在 35dB 以下。处理好隔声问题，不仅可以防止声音过大影响左邻右舍，同时也可以隔绝外部噪声的干扰。在选择门窗时，以双层门窗的隔声效果最好，在施工时要保证门窗与墙壁间不应有缝隙，关闭之后，结合部位要严密。门的下部要采用橡胶门户密封条。此外，在为影音室安装空调时，不宜采用噪音高的窗式空调。如使用分体式空调，室外主机与室内挂机的连接往往会在墙壁上留下较大的洞，因此需用硅胶或油泥对其作进一步的封闭处理。

影音室的左右侧墙是音箱发出直射声的第一次反射地方，对其进行适当的吸声处理，有助于提高声像定位的清晰度。做法是在音箱与聆听位置之间的侧墙上设置一些吸声材料。吸声材料可用厚绒布打皱像窗帘一般自然吊在侧墙，也可用棉布包裹声棉，做成一块块的吸声体固定在墙壁上。后墙的吸声位置一般是设置在左右两个音箱之间，最简单的方式就是把整面后墙以方木条纵横交错钉成几个框，然后以布包裹吸声棉，再塞入每个框内，除此之外，也可以在墙面上悬挂织物来吸声。

• 影音室中的星空吊顶设计

星空吊顶是影音室中常用的顶面设计形式。目前制作星空顶时普遍采用的材料是光纤灯，在施工时应将较短的光纤穿在靠近光源机的位置，较长的光纤穿在远离光源机的位置。如 1m 的光纤穿在最靠近光源机的位置，然后依次排布 1.5m、2m 等长度的光纤。让不同直径的光纤合理有序地分布在吊顶上，有助于为影音室打造出一个繁星点点的夜空。

• 影音室界面处理技巧

影音室相对是个很有针对性的功能空间，为了能达到更好的视听效果，对墙面、顶面和地面的用材具有一定的要求。在设计时，尽量不要选用表面过于光滑和坚硬的材质，比如石材、瓷砖和玻璃等，可以使用一些软性且表面粗糙、有颗粒感、纹路多的材质，比如墙纸、纤维布、饰面板、地板、地毯等。如条件允许，也可以在墙面和顶面采用专业的声学墙板做隔声处理，以营造更为舒适的视听环境。

• 在地下室设计影音应注意的问题

如果家居中有地下室，将其改造成影音室是非常不错的选择，一来地下室的光线较暗，在欣赏影片的时候只要做简单遮光处理就能达到良好的欣赏环境；二来地下室的隔声效果较好，在改造的过程中不用进行大规模的隔声处理。需要注意的是，由于地下室是整个室内空间中最潮湿及空气最不流通的地方，因此最好安装新风系统以保持地下室的通风。此外，在施工时墙面应做好防水工作，并且尽量使用防潮性较好的装饰材料。

纳沃设计

衣帽间

• 衣帽间内部尺寸设计

衣帽间挂放区可分为上衣区和长衣区。上衣区的高度尺寸在 1000~1200mm，长衣区的高度尺寸一般为 1400~1700mm。叠放区的常见的高度尺寸为 350~500mm。鞋柜区域的尺寸宽度约为 200mm、高约为 150mm、深度约为 300mm。被褥区的高度一般在 400~500mm。衣帽间可由家具商全套配置，也可以在装修时进行衣帽间定制。根据设计形式的不同可将其分为开放式衣帽间、独立式衣帽间、嵌入式衣帽间等种类。

• 衣帽间设计类型
开放式衣帽间由于其不完全封闭，因此空气流通好，也
宽敞。缺点是防尘差，因此防尘是开放式衣帽间的重点
注意事项，可采用防尘罩悬挂衣服，用盒子来叠放衣物；
独立式衣帽间的特点是防尘好，储存空间完整、充裕，
但要求房间内的照明要充足。独立式衣帽间内除储物柜
外，还可以设置梳妆台、更衣镜、取物梯子、烫衣板、
衣被架、座椅等设施；嵌入式衣帽间比较节约面积，在
家居中如有一块面积在 3.5m² 左右的空间，就可以依据
这个空间形状，制作几组衣柜门和内部间隔进行打造。

乐尚设计

柏舍励创

陈乃月设计

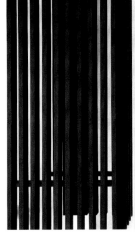

方磊设计

迅设计

品川设计

彭海涛设计

千寻设计

陈列宝设计

菲设计

- **异形空间的衣帽间设计**

很多人认为衣帽间仅仅可存在于大空间内，其实不然。在现代住宅设计中，经常会出现凹入或突出的异形空间，完全可以充分利用这些空间，规划出一个衣帽间。衣帽间如果有窗当然最好，否则就要设置接近自然光的光源，使衣服的颜色最接近正常，方便主人更衣。衣帽间还需考虑空气的流通问题，可以把门设计成百叶格状，这样既保持空气流通，又能节省空间。

慕斯设计

大观自成设计

• U 形衣帽间设计

U 形衣帽间由于整体空间较为宽裕，可进行合理的结构布局，因此储物功能非常强大。为其设计叠放区和挂衣区，能够满足不同的收纳需求。还可以在其间安装木质裤架滑竿，不仅节约了裤架，而且由于木质滑竿具有防滑的功能，因此能够避免裤子在推拉过程中滑落的现象。此外，U 形衣帽间转角柜下面的空间面积一般都较大，可以用来放置旅行箱或是大件的物品。由于 U 形衣帽间三面都是柜子，活动面积一般不会很大，因此要合理地搭配好灯光照明，以减轻衣帽间内的压抑感。

嫏叁设计　　画年代设计

INHOUSE 设计

- **一字形衣帽间设计**

一字形衣帽间跟普通衣柜差不多，只是用墙代替了柜体，由于可以与室内共用一个过道，因此空间利用率较高。一字形衣帽间的深度一般为600~900mm，适用于门厅过道、壁橱或卧室内部的平面位置，而且常常作为在主卧与主卫之间的隔断。虽然其整体面积比较窄，但实用功能却极为强大。在设计一字形衣帽间的内部空间时，可以根据储物容量和细节分类进行收纳设计。还可以适当添加一些小盒子用来存放小物件，以避免凌乱密集之感。

星翰装饰设计

同心同盟设计

• L 形衣帽间设计

L 形衣帽间需要的面积不用太大，而且其视觉效果和实用效果都十分出色，因此适用于各种户型的家居空间。在为 L 形衣帽间定制衣柜时，必须计算好尺寸，尤其应安排好转角处的设计，以达到更为实用的空间效果。如果在顶面设计了吊顶，其吊顶造型应与墙面保持足够的距离，以免与衣柜的设置产生冲突。此外，橙板分割是衣帽间衣柜设计非常关键的一个环节。在进行橙板分割前，应考虑好所放物品的尺寸大小，包括长度、体积与重量等，哪些是常用的，哪些是备用的，谁适合放在上面，谁适合放在下面，放置拿取是否方便等问题。合理的橙板分割可以为后期的衣物收纳带来更多的便利，同时也可以分门别类地将各类衣物摆放整齐。

石头兄弟设计

周谦如设计

艾迪尔设计

- 双排形衣帽间设计

双排形衣帽间过道至少要留有 1.2～1.8m 的宽度，如果小于这个范围，不仅会让人感到压抑，甚至无法转身换衣服。如空间格局条件允许，还可以采用两个出入口的设计，这样能让进出时更为方便。此外，在为双排形衣帽间搭配衣柜时，应考虑到顶部收纳物品的取放问题，可以根据居住者伸手可及的高度进行设置。一般衣帽间内衣柜的高度应控制在 1800～2000mm，这样不需要借助矮凳等工具就可以顺利使用顶部收纳空间。同时，这个高度也是常用物品和不常用物品的分界线，高于这个高度尽量不要收纳日常用品。

收纳家具
定制

随着房地产行业的迅速发展，各种户型、装饰风格也层出不穷，使得大多数收纳家具在设计时相对大众化，很难满足个性要求。同时，成品收纳家具还有其他诸多不足，如尺寸与空间面积不符，款式不符合整体空间装饰风格等。而定制收纳家具是根据空间特点及个人审美需求进行设计，因此不仅可以合理利用空间，而且能充分展现个人审美品位。

玄关柜

• 玄关柜的设计重点

在玄关是打开家门后第一个接触到的区域，而便利度又极大地影响进出门的效率，因此玄关柜的设计重点是在确保方便使用的同时，保持清爽的空间构图。玄关柜的设计原则为下实上虚，通而不透、疏而不漏，并且最好与大门保持 1.2m 或以上的距离，最小也不宜少于 1m，以免让进门空间显得拥堵局促。此外，还可以将玄关柜设计成悬空的形式，不仅视觉上会比较轻巧，而且悬空部分可以摆放临时更换的鞋子，让地面更显整洁。悬空部分的高度一般控制在 15～20cm 较为合适。

壹方设计

TK 设计

永恒设计

永恒设计

永恒设计

谷辰设计

沅上设计

• 组合式玄关柜设计

在设计玄关空间时，可以选用具有视觉延伸效果的组合玄关柜。组合式玄关柜占用面积不大，而且具有强大的收纳功能。不仅柜子内部可以储放物品，连台面也能放置钥匙等小物品。而下方镂空的空间，可以摆放日常所穿的鞋子。如果玄关空间较为狭长，可以选择安装整体式的玄关柜，但最好不要选择顶天立地的款式，将其设计成上下断层的造型会更为实用。而且可以将单鞋、长靴、包和零星小物件等进行分门别类的收纳。在柜体颜色的搭配上，上部不宜太深，以免在视觉上造成头重脚轻的感觉。

郭恒博设计

• 玄关柜卡座设计

由于很多家庭在设计玄关柜时，往往会忽略换鞋凳的搭配，入住后只能另外搭配板凳或者干脆不使用。因此，可以考虑在玄关柜的设计上增加卡座的设置，不仅方便了进出门时的换鞋需求，而且可以在卡座的背景墙上设置挂钩，用于临时挂置衣服或帽子。此外，不少户型里都会有墙面凹位的问题，特别是玄关处。如遇到这种情况，可以针对玄关墙面的凹位，设计嵌入式的玄关柜，既可以起到填平墙面的效果，又能解决玄关空间的收纳问题。

• 小巧型玄关柜设计

小户型面积有限，无法设置独立的玄关空间，但是一些随身携带的物品需要在进门时找到临时安放之地，那么不妨选择小巧的玄关家具，在进门处创造方便实用的空间。在选择玄关家具时，色彩要尽量单纯清新，并最好与衣架、镜子等配件的风格形成统一，以加强小区域的整体感。各种边柜、条形柜，甚至小卫浴柜等家具都适合运用在小户型的玄关空间。此外，屏风是玄关家具有益的补充，既能起到划分区域、遮挡视线的作用，而且还具有一定的装饰性。

星翰设计

晓安设计

鸿鹄设计

家语设计

南舍空间设计

青云居设计

青云居设计

- 玄关柜中的鞋类收纳方案

鞋类收纳是玄关柜的必备功能之一，因此在设计玄关柜时，要充分考虑鞋子的尺寸问题。玄关柜的宽度可以依据玄关空间的宽度进行划分，而深度则不能小于家里大码鞋子的长度。由于人与人之间鞋码各不相同，但一般都不会超出300mm，因此玄关鞋柜的深度通常在 350~400mm。这个深度不仅能让大码鞋顺利地放进去，而且恰好能将柜门关上，不会突出层板。此外，许多人喜欢把鞋盒连同鞋一起放进鞋柜，因此必须把鞋盒的尺寸作为玄关柜深度的依据。假如需要在玄关柜里面放置一些如打气筒、苍蝇拍等物品，那么其深度则必须在 400mm 以上才能满足收纳需求。

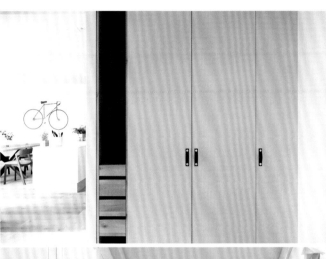

诗享家设计

双宝设计

电视柜 定制

• 组合式电视柜设计

一般电视墙只用于放置电视和电视柜，这样一来，电视背景墙的空间就被空置浪费了。对于小户型来说，合理的设计这部分空间，能带来极大的收纳效果。比如将整个背景墙设计成一个组合式的电视柜，用于摆放电视以及收纳日常用品，不仅达到了一柜多用的效果，而且由于柜子覆盖了整个墙面，因此空间的整合度丝毫不会受到影响。

付涵沁设计

• 电视柜的深度与长度设计

电视柜的深度一般在350~600mm，而长度设计一般要比电视机长三分之二左右，一般在1200~2400mm，这样电视柜在用于摆放电视机的同时，还可以搭配一些其他装饰摆件，以免让电视机在电视柜上面显得突兀单调。电视柜的高度设计不宜太高也不宜太低，以便于观看为基准。一般让使用者在就坐后的视线正好落在电视屏幕的中心为宜。

客厅空间电视柜的高度及尺寸，必须和客厅沙发的设计及尺寸相对应，其高度在 400～600mm。一般沙发坐面高度是 40cm，坐面到眼部的距离是 66cm，加起来就是 106cm。如无特殊需求，电视柜的高度到电视机中心高度最好不要超过这个高度。如果用非专用电视柜当作电视柜用，那么其高度不宜超过 70cm。如果选用的是高于 70cm 的柜子，容易造成仰视，而根据人体工程学原理，仰视易使颈部疲劳，会损害颈椎的健康。

东荷逸品设计

• 卧室电视柜的设计要点

卧室空间的电视柜，其高度应和床的高度保持恰当的比例，以保证人躺在床上看电视时，不容易产生颈椎疲劳。如果在床的正面制作衣柜，还可以考虑将衣柜中间的镂空部分设计成电视柜。一般柜子边口应距床边的尺寸在 700mm 以上，太窄了不利于人的正常通行。此外，如果卧室的面积较小，没有足够的空间摆放电视柜，那么电视机和机顶盒等设备可以采用壁挂的形式进行设计。

设计共和

- 电视柜层板的厚度选择

如果室内电视背景墙是弧形结构，就不能考虑搭配常规造型的电视柜了。可以针对弧形墙面进行定制或者现场制作，让其在造型设计及实用性上，都发挥出极致的效果。设计电视柜时，应把控好层板的厚度，一般控制在 40～60mm 为佳。太薄了容易变形，太厚则会显得过于笨重。此外，如果采用大理石作为电视柜的层板，应注意在施工时加装钢筋作为支撑，以保证其牢固度。

· 家语设计

· 在地设计

· 半开放式电视柜设计

小户型的客厅面积不大，因此适合搭配体量小巧、造型简洁的电视柜。由于小户型客厅的物品较多，因此在选择电视柜时，应考虑到收纳功能。比如可以将电视柜设计成半开放式的结构，封闭的抽屉可以用来收纳小物品，开放区域则可以用来展示，这样的设计不仅实用，还非常有装饰性，并且提升了客厅空间的整体格调。

悬挂式电视柜是现代家居中的常见选择。在制作悬挂式电视柜时，要设计好离地高度，一般控制在能伸进去一个拖把的高度即可。如果电视柜的层板较长，其安装一定要牢固，不然时间长了会向下弯曲，甚至有可能发生断裂的现象。悬挂式电视柜的层板最好选用双层木工板，并且在施工时先在原墙面钉两层木工板，再把电视柜层板用钉子固定在上面，最大限度地增加电视柜与墙面之间的牢固度。此外，最好不要在悬挂式电视柜上放置重物，以免发生电视柜坠落或者墙面开裂等现象。

酒柜

壹舍设计

逅屋一舍设计

花漾美作设计

王五平设计

DE 设计

• 酒柜整体尺寸设计

现在越来越多的家庭在装修时会考虑加入酒柜的设计。酒柜的整体尺寸并没有固定的数值，一般是以房间大小和使用需求来确定。一般来说，酒柜的高度不宜超过 1.8m，具体数值可以根据身高及使用的舒适度进行适当的调整。而酒柜每层的高度，在 30~40cm 较为合适。酒柜的深度取决于酒瓶的尺寸，一般来说，家庭酒柜的深度按照 300~350mm 的标准即可满足大部分酒瓶的摆放需求。此外，置放酒瓶的部分最好设计成斜放，让酒淹过瓶塞，能使酒储放更长时间。

冷元宝设计

- **酒柜摆设位置应避免阳光直晒**

酒柜应放置在平坦坚固的地面，并撤离包装底座，以减少震动和噪声。在搬运移动时，其倾斜角不能大于 45°。酒柜的位置应保持良好的通风，周围包括后背应留有 10cm 以上空间，而且要避免阳光直晒及远离热源。此外，酒柜不要摆放在潮湿或易溅水的地方，如有溅水及沾染污物的现象，应及时用软布擦拭干净，以防生锈及影响电器的绝缘性能。

叶青设计

• 酒柜的功能类型划分

按制冷方式的不同，家庭酒柜可以分为电子酒柜和半导体酒柜等几大类。一般压缩机酒柜的温控范围在 5～22℃，而半导体制冷一般是 10～18℃或为 12～22℃。由于每种类型的酒柜其储酒能力和保温能力都有所不同，因此不同种类的酒，应选择对应的酒柜才能更好地保持其口感和质地。洋酒和白酒可以选用装饰性较强的酒柜，以彰显藏酒的品位；葡萄酒则选用电子酒柜，能够让葡萄酒保持最好的品质；白葡萄酒或香槟建议选用压缩机酒柜，而红葡萄酒则可选择电子酒柜中的任意一种。

李忠光设计

• 常见的酒柜风格类型

酒柜的设计应与家居的整体装饰风格相协调。欧式风格酒柜造型美观漂亮，线条优美，细节的雕花、把手的镀金等都是体现欧式工艺的亮点；中式风格酒柜的柜体以全实木为主，橡木、樱桃木、桃花芯木、檀木、花梨木等都是不错的木种。色彩上也以原木色为主，体现出了木材自然的纹理和质感；现代风格的酒柜可以选择搭配一些冷色调，以大面积的纯色为主，此外，也可以增加一些金属材质、烤漆门板等新材料的运用。

品川设计

• 餐厅落地酒柜设计

在餐厅空间靠墙设计落地式的酒柜，除了可以改善用餐气氛、放置餐具等物品之外，还能弥补餐厅收纳空间不足的问题。餐厅酒柜间隔、格局不应限制得过于死板，应该充分考虑可能会出现在这里的物品尺寸。灵活开放的内部空间设计，可以让不同大小的物品都能容纳进去。餐厅酒柜的设计可以从实际出发，并根据个人的使用习惯和喜好来打造，以提高实用性和便捷性。

• 嵌入式酒柜设计

如果空间面积比较狭窄，可以考虑将酒柜嵌入到墙体里。施工时要注意在墙体拆除后，应将墙体的两侧尽量粉饰垂直，这样把柜体框架放入后，墙体和柜体板的接缝就会比较小，再用实木线条盖在缝隙上收边，以达到完整如一的设计效果。此外，酒柜的柜体背面可用木龙骨与石膏板的单面隔墙，如需考虑隔声，还可放置隔声棉。

鹏宇设计

漾设计

衣柜 定制 4

• 衣柜的搭配要点

由于每个家庭的成员构成都有所不同，对衣柜的使用需求也不一样，因此在设计衣柜时，要充分考虑家庭成员的情况。对于家中的老年人来说，叠放衣物较多，在设计衣柜时可以考虑多做些层板和抽屉。需要注意的是，老年人不宜上爬或下蹲，因此衣柜里的抽屉不宜放置在最底层，最好离地面高1m 左右。如家中有孩子，应根据儿童的年龄及性格特点设计衣柜。儿童的衣物通常挂件较少，叠放较多，而且还有孩子玩具的摆放等因素，因此在设计衣柜时可以做一个大的通体柜，可方便儿童随时打开柜门取放和收藏玩具。

• 衣柜内部设计方案

在设计衣柜的内部空间时，要注重其合理性与安全性。盲目地扩大或缩小某些区域，不仅会为日后的使用带来不便，而且还有可能降低衣柜的牢固程度。如果选择将衣柜做到顶，可以考虑将其内部分为若干个单元空间。这样不仅在使用时会更为方便，而且也大大地增加了衣柜的牢固程度。如果衣柜内部设计无法改变，而且严重偏离正常的尺寸，可以考虑利用可伸缩的隔板，来重新规划衣柜的内部结构。这种改造方式不仅安全，而且还能完美地提升衣柜的收纳效率。

张祥镐设计

永恒设计

东合设计

大集设计

何永明设计

• 挂衣区和挂裤区的尺寸设计

挂衣区和挂裤区是衣柜中占用空间相对较大。挂衣区又分为挂上衣、大衣两个区域。悬挂短衣、套装的挂衣区其高度最好保持在 800mm 左右，用于挂置长大衣的区域，则高度不能少于 1300mm；挂裤区如果使用衣柜裤架，其高度在 650mm 左右较为适宜，如果是用衣架挂，则至少保留 700mm 的高度。挂衣杆的安装位置要以衣柜的深度尺寸为标准取中，高度一般控制在距上面板 40~60mm 为宜。

意境设计

• 开放式衣柜设计

开放式衣柜的层次感和格局可以让空间变得非常鲜明，而且在设计上更具有几何美感。由于开放式衣柜大多数是根据房间的大小及空间的整体格局来设计，所以对空间的要求非常的灵活。由于开放式衣柜没有柜门作为遮挡，衣物裸露在空间里容易沾灰。为了防止过多的灰尘堆积，以及减少打扫卫生的时间，可以考虑利用轨道与布帘给衣柜进行挡灰。开放式衣柜不宜设置在靠近卫浴间的区域，以免让衣服吸收过多的水气。

蓝洞设计

星翰设计

清羽设计

品悦设计

• 推拉门衣柜设计

推拉门衣柜又叫滑动门衣柜、移门衣柜。防尘是推拉门衣柜十分重要设计环节，目前使用最多的方法是加装防尘条。可以将防尘条安装在柜门的两侧以增加其摩擦力，既可以有效地阻止灰尘进来，而且还能延长衣柜的使用寿命。此外，还可以选择安装实心轨道，其整体结构比较稳定，而且可以更好地将衣柜门关闭严实，有效地起到了防尘的效果。

书柜 定制 5

• 书柜尺寸设计要点

书柜的形式主要有单体式、组合式和壁柜式三种。家用书柜的款式风格十分丰富，可根据室内的装饰风格及书房的面积进行选择。此外，书柜的搭配还应结合个人喜好、房间大小、空间布局等元素来综合考虑。书柜的尺寸没有一个统一的标准，不仅包括了宽度和高度等外部尺寸，还包括了书柜内部的尺寸，如深度、隔板高度、抽屉的高度等。所以在定制书柜时，一定要全方位考虑各个书柜尺寸的大小。

大集设计

益善堂作品

夏沐钦设计

- 书柜格位宽度的选择

书柜的宽度尺寸一般根据书柜门的数量而变化。两门书柜的宽度尺寸在500～650mm，三门或者四门书柜则扩大到 1/2 到 1 倍的宽度不等。一些特殊的转角书柜和大型书柜尺寸宽度可以达到 1000～2000mm，甚至更宽。此外，书柜格位之间的宽度尺寸也是书柜设计中不容忽视的因素。书柜的格位宽度尺寸没有一个特定的标准，一般可根据书柜的整体宽度进行选择。

永恒设计

C.H.Y 设计

GNU 金秋设计

INHOUSE 设计

大诺设计

金秋设计

开戊空间设计

慕斯设计

- 书柜的高度设计

书柜的高度尺寸，要根据成年人伸手可拿到书柜最上层的书籍为原则。过高不仅不方便拿取书籍，而且还会影响书柜的整体重心，造成安全隐患的同时，也影响了书柜使用的稳定性。一般书柜的高度在 1200～2100mm 为宜，超过此高度，则需搭配梯子辅助使用，因此会在一定程度上影响实用性。

臻品空间设计

新澄设计

印象空间设计

• 书柜的深度设计

书柜的主要用途是用于藏书、放书，而且即使是文献类的书籍尺寸也不会很大，因此其深度根据一般的书籍规格进行设计即可。深度在 280～350mm 的书柜，即可以满足大部分藏书需求。层板之间的高度尺寸同样可根据书籍的规格来设计。例如放置 16 开的书籍，其层板高度尺寸在 280～300mm 较为适宜；而 32 开的书籍的层板高度则在 240～260mm。一些不常用的大尺寸书籍的层板高度应提升至 320～420mm。

几何空间设计

• 选择书架代替书柜功能

书籍不多的家庭可以利用书架代替书柜。除了可以用于摆放书籍，书架还具有隔断或展示陈列品的作用。如果是书籍较多的家庭选择使用书架，则应考虑为其搭配一些实用的设计，比如是否设置滑动门来防尘，是否需要借助梯子来登高整理书籍，以及是否设计嵌入式灯光来作为书架的补充照明等。

叶青设计

中合深美设计

子时国际设计

李忠光

• 安装灯带丰富书柜设计感

如果书房空间只设计了一盏吸顶灯作为主照明，而且看书写字的人是背光而坐，建议在书柜内安装暗藏灯带或与书桌空余墙面安装壁灯，这样既解决了书桌的背光问题，同时也能让书柜体现出更丰富的设计感，并且可以让书房的灯光层次更加分明。在安装书柜灯带时，要求使用双面胶或木工胶，使书柜灯带卡槽与吸塑底板牢固粘贴。

• 组合式电视柜设计

如今组合式家具受到越来越多家庭的青睐，其强大的功能性，一物多用的特点正符合时下人们的使用需求。将书柜与电视背景相结合，既节省了客厅和书房的使用面积，而且还增加了两个空间的通透性。电视柜与书柜的组合设计，可根据客厅的格局来进行规划，而且其内部格局也可以根据实际需求进行切割。因此，能够将空间的利用率最大化，并且避免了空间边角无法利用的情况发生。

臻品空间设计

同心同盟设计

隔断柜 定制 6

• 客餐厅间的隔断矮柜设计

客餐厅一体的设计并不代表客厅与餐厅之间完全没有隔断，而是让隔断物看起来不那么明显而已。最常见的客餐厅隔断当属矮柜隔断了。在客厅与餐厅之间，放置一张矮柜，除了在视觉上隔开客餐厅，矮柜还有着收纳的功能。但在挑选矮柜时，要注意柜子的高度，应以坐下时能刚好遮住人的视线为宜。

花漾美作设计

李忠光设计

• 设置隔断柜代替实体墙

在家居空间中设计一些实用性较高的隔断，不仅能提升家居空间的利用率，而且还能为日常生活提供更多的便利。对于面积较小户型房屋来说，想要创造毫无拘束的通透感与大空间的舒适感。可利用家具取代厚重墙面及实体隔间，并采取开放式的设计，达到串联空间的效果。这样的设计手法能缓解狭小空间拥挤的压迫感，让家居空间的视野更为宽敞开阔。

厨卫家具
定制

厨房家具主要是指在厨房用于存储、做饭、洗涤等用途的家具。厨房是家中唯一使用明火的区域，因此定制家具的材料必须要有良好的防火阻燃性能，以保证室内空间的安全性。由于厨房空间本身就有限，因此厨房定制家具可以采用内嵌的设计形式，能节省很多空间。卫浴家具的选择，应根据个人的生活习惯及使用需求来考虑。另外，空间大小、格局分配等因素也十分重要。由于卫浴间面积一般较小，因此拐角处的空间也不能放过，可考虑为其搭配定制角柜，不仅可以高效利用角落空间，而且非常方便拿取物品。

5

橱柜

• 橱柜结构及设计要点

橱柜由地柜、吊柜、高柜三大构件组成，其结构又可细分为台面、门板、柜体、厨电、水槽、五金配件等部分。由于做水电的时候会涉及厨房的一些插座，所以橱柜的整体设计及位置要在做水电之前确定下来。如果橱柜旁边要摆放冰箱，应为其预留出足够的空间，单门冰箱应预留出 700~900mm 的空间，而为双门冰箱预留的空间应在 1000~1300mm。

益善堂设计

清羽设计

M Architects 设计

永恒设计

• 橱柜内部结构规划方案

橱柜的外表看似简单，内部却拥有着强大的收纳功能。橱柜的内部结构规划得越细越好，比如多做一些隔板对内部进行合理分区，以收纳不同种类的东西。橱柜的下部空间可以设计一块区域用来放置锅具，上部空间则可以利用隔板或抽屉，将杯子、碗、壶等进行分类摆放。橱柜的分区设计不仅让厨具清晰明了，而且也提升了取用时的便利度。

• 吊柜的尺寸设计

在设计吊柜的深度与高度时，都需考虑个人的实际身高以及操作习惯。一般来讲，吊柜深度在300~450cm较为合适，因为地柜台面的深度一般是600cm。如果吊柜与地柜深度相同或超过地柜的深度，在烹饪时容易发生碰头的危险。吊柜的高度一般在650~780cm，台面和吊柜的直接距离，控制在500~600cm为宜。这样的高度可以保证操作区宽敞，也方便取放存储的物品。吊柜的宽度视厨房的大小情况而定，通常一扇门的宽度在300~400cm，并且一般和地柜门的宽度保持一致。

• 内嵌式橱柜设计

现代家居的厨房空间通常会有很多诸如冰箱、微波炉、烤箱等厨房电器，如果不对厨房电器的摆放位置进行规划，会让厨房空间显得杂乱拥堵。采用内嵌式橱柜是最节省空间的厨电收纳方式。嵌入式的设计，让橱柜将厨电隐藏于无形之中，而且没有了外露的各种插头、线路，能让厨房空间显得更为整洁、干净。需要注意的是，嵌入式橱柜应搭配与其风格对应的厨房电器，让厨房的整体风格显得更为统一。

• 橱柜中的抽屉设计

抽屉是橱柜设计中必不可少的组成部分，能够在很大程度上增强橱柜的储物收纳能力。而且抽屉内的多元化分隔组件设计，使物品能够整齐、方便及有秩序地排放。橱柜抽屉的宽度尺寸一般控制在 400~700mm 即可。如果宽度过大，并且在抽屉满载的状态下，开关过程会比较磨损五金件。抽屉设计中，最重要的配件是滑轨，由于厨房的环境较为特殊，质量差的滑轨即使短期内感觉良好，时间稍长就会发生推拉困难的现象。小型橱柜抽屉一般采用普通的三节滑道即可。如果是 700~1000mm 的大抽屉，则需用隐形滑道或者骑马抽。

慕斯设计

• 岛形橱柜设计

岛形橱柜指的是独立于橱柜之外，底部设有柜体的单独操作区，一般适用于开放式的厨房空间。相比其他造型的橱柜，岛形橱柜具有面积更宽的操作台面和储物空间，以便于多人同时在厨房烹饪及收纳更多物品。如有需要，也可以在岛形橱柜上安装水槽或烤箱、炉灶等厨房设备。在安装前，应先查看是否可以进行油烟管道、电路及通风管的连接，并确保炉灶和水槽之间有足够的操作台面。

大诺设计

龙瑞设计

文青设计

壹方设计

- 单排式橱柜设计

单排式橱柜指的是将所有的柜子和厨房电器都沿一面墙放置。这种紧凑、有效的橱柜布局设计，适合中小户型或空间较为狭小的厨房采用。单排式橱柜的动线及设计方案虽然比较简单，但也有一些设计和布置要点是需要注意的。比如由于空间较为局促，操作台面空间也有限，因此可以对部分设计进行适当地合并调整，以满足基本的使用需求。也可以在墙面上设计挂架和吊柜，提高使用效率。此外，还可以将吊柜换成单层或双层的搁板用于收纳小件用品。

卫浴柜 定制 2

• 卫浴柜的设计要点

卫浴柜由台面、柜体及排水系统三大部分组成,大理石台面 + 陶瓷盆的组合是常见的台面设计。在排水系统的设计上有墙排和地排两种,其整体由水龙头、进出水波纹管、阀门等结构组成。在设计卫浴柜时,一定要保障进出水管的检修和阀门的开启,以免给以后的维护和检修留下不必要的麻烦。另外,还要检查卫浴柜的合页开启度是否符合标准,一般情况下,开启角度达到 180°时,取放物品会较为方便。

东方婵韵设计

• 卫浴柜的常见尺寸

卫浴柜的柜体高度一般在 650mm 左右，考虑到卫浴间的地面较为潮湿，因此柜底到地面最少保持有不少于 150mm 的距离。卫浴柜台面到地面的距离，应根据主人身高和使用习惯进行设计，常见一般在 800～900mm。镜柜一般安装在主柜的正中位置，两边各缩进 50～100mm 为宜，高度以人站在镜子前，头部在镜子的正中间最为合适，一般在 250mm 左右。卫浴柜的侧柜位置安排一般比较灵活，一般安装在离地面 150mm 以上的墙面即可。

• 卫浴柜的基材选择

基材是卫浴柜的主体，市场上卫浴柜所选用的主流基材是防水中纤板，这是经过挑选的木材原料粉碎成粉末状后，经特殊工艺加工而成的一种刚性板材。由于其防水性能优于普通纤维板，因此是制作卫浴柜的首选材料。面材是展现卫浴柜风格以及质感的主要元素，用于设计卫浴柜的常见面材有天然石材、人造石材、防火板、烤漆、玻璃、金属及实木等。

卫浴间的墙角区域是最容易被忽略、被浪费掉的空间。因此，可以在边角的位置安设一个角柜，上层开放式的置物格，可以用来放装饰摆件，下层则可以用来收纳其他用品。角柜的尺寸要结合收纳需求以及空间的大小来选择，此外，在颜色上要与卫浴间的整体风格保持一致性或者接近，以避免因色彩上的冲突而造成的视觉杂乱感。

SKH 设计

本白设计

• 挂墙式卫浴柜设计

在面积较小的卫浴间中，由于淋浴器、马桶、洗脸台已经占据了不少面积，所以要根据空间的实际情况及格局来选择卫浴柜，如选择吊挂在墙角或是离地面较高的卫浴柜，将空置的区域利用起来，以缓解小卫浴间空间不足的问题，而且还便于清扫，也能有效隔离一定的地面潮气。需要注意的是，挂墙式卫浴柜要求安装在承重墙或者实心砖墙上，而保温墙和轻质隔墙由于其承重能力较弱，因此不能将卫浴柜安装在上面。

- 定制卫浴柜应做好防潮处理

卫浴间在家居中是相对比较潮湿的空间，因此在设计卫浴柜时，应尽量选择经过防潮处理的不锈钢或浴柜专用的铝制品，以保障防潮抗湿性能。此外，卫浴柜五金件外表的镀层也不能忽视。在镀铬产品中，普通产品镀层为 20 微米厚，时间长了，里面的材质易受空气氧化，因此尽量选择做工讲究镀层为 28 微米厚的铜质镀铬，其结构紧密、镀层均匀，使用效果会更好。